时尚手作女装

[日]中神一荣 编著 顾丹蓓 译

上海科学技术出版社

图书在版编目（CIP）数据

时尚手作女装 /（日）中神一荣编著；顾丹蓓译.
— 上海：上海科学技术出版社，2017.5
（缝纫学园）
ISBN 978-7-5478-3519-7

Ⅰ.①时…　Ⅱ.①中…　②顾…　Ⅲ.①女服—服装裁
缝—图集　Ⅳ.①TS941.717-64

中国版本图书馆CIP数据核字（2017）第070232号

时尚手作女装

［日］中神一荣　编著

顾丹蓓　译

上海世纪出版股份有限公司
上 海 科 学 技 术 出 版 社　出版
（上海钦州南路71号　邮政编码200235）
上海世纪出版股份有限公司发行中心发行
200001　上海福建中路193号　www.ewen.co
上海中华商务联合印刷有限公司印刷
开本 889×1194　1/16　印张 5　插页 1
字数 150千字
2017年5月第1版　2017年5月第1次印刷
ISBN 978-7-5478-3519-7/TS·206
定价：39.80元

本书如有缺页、错装或坏损等严重质量问题，请向工厂联系调换

编者的话

　　对于追求时尚、爱美的女性来说,穿上一件经典素雅的连衣裙或长款上衣变身时尚女王,而这件衣服又是自己亲手制作的,是不是更有满足感和成就感呢?

　　本书精选的17款时尚连衣裙和上衣,即便是初学者也能轻松完成制作。看似平面的裁剪,成衣的上身效果却立体而有型,如稍稍变换面料的种类和颜色,还可以演变出别样的风格。

　　编写本书的初衷就是希望大家可以从一针一线与一个个创意中获得成就感和美的体验。当你们完成并穿上亲手制作的唯美又独一无二的衣服时,记得向我分享你们的喜悦。

中神一荣

目 录

✂…难易度

宽松上衣

A

简洁的长款上衣搭配四方形下摆的拼接设计。时髦的侧影彰显女性魅力，经典纯黑色更具成熟气质。

制作··················**32**
实物大纸样（衣领：V领）

浅蓝色 × 银色

第4页的同款上衣。配色清爽
干净。下摆的拼接采用了轻盈
的面料，令上衣整体更显飘逸灵
动，又不失恬静可爱。

制作··························**32**
实物大纸样（衣领：V领）

B

黑色

前后一片式裁剪,缝合两侧衣身即可完成。两侧腰线开叉,使得衣身整体立体有型、更具轮廓感,侧面则更飘逸。

制作··················**34**
实物大纸样(衣领:圆领)

C

藏青色 × 黑色

在袖口处拼接螺纹布的简单款式，轻
熟女风静谧的色彩搭配。

制作························**36**
实物大纸样（衣领：圆领）

灰色 × 白色

第8页的同款上衣。配色随性
优雅。采用轻盈的面料,体现十
足的清凉感,更适合夏季穿着。

制作⋯⋯⋯⋯⋯⋯⋯**36**
实物大纸样(衣领:圆领)

连衣裙

D

前后衣片撞色的连衣裙。前后翻转穿可得到意想不到的效果。线条流畅,时髦又灵动。

制作…………………**39**

将第10页连衣裙前后翻转当半身长裙来穿。白色向前，腰围撞色更显俏皮可爱。

连衣裙

E

藏青色 × 藏青色

将两块正方形的面料缝合，搭配松紧腰就能做成一款简洁的连衣裙。上半身用料充足，侧影时尚大气。

黄色 × 灰色

将第12页连衣裙变短后制成上衣。
蝙蝠袖的上衣里面搭配色彩鲜艳或带花
纹图案的背心，显得甜美可爱。

制作··························**45**
实物大纸样（衣领：圆领）

宽松上衣

F

连衣裙

G

✂ ✂ ✂

蓝色

胸口前片稍稍加大的可
爱围裙式连衣裙。松紧
腰的设计可以使内搭服
帖,穿着舒适。

制作·····················**48**

黄色

第14页的同款。选用明亮的色彩带出华丽的氛围。简洁又大方的时尚百搭连衣裙。

制作·····················**48**

连衣裙

H

✂✂✂✂

白色 ✕ 象牙白

麻质象牙色面料将清新可爱的
一面演绎到极致。穿着时备感
轻松自在。

制作·······················**50**

黄绿色

正方形面料在肩部位置穿过抽绳，然后缝合两侧腰线即可完成。选择清爽的颜色更能体现轻熟女青春可爱的一面。

制作·····························**52**
实物大纸样（衣领：圆领）

连衣裙

宽松上衣

J

✂✂✂✂

连肩袖设计的个性长款上衣。
前片的腰线处采用松紧带，后
片无松紧且加长。

制作……………………**54**
实物大纸样（衣领：圆领）

宽松上衣

K

黑色 × 灰色

下摆蓬蓬风的上衣。上下拼接都采用
黑色面料时更显性感、妩媚。

制作·····················**56**
实物大纸样（裙：上半身）

连衣裙

L

✂ ✂ ✂ ✂

橙色

把正方形和长方形的面料组合在一起，根据身高和喜好调节肩带的长短和宽窄，便可以制作出简单又特别的连衣裙。

制作 ………… **59**

连衣裙

M

 藏青色 × 黑色

下摆抽绳的抹胸设计，可爱又
百搭的连衣裙。

制作⋯⋯⋯⋯⋯⋯⋯⋯**62**

把第22页的抹胸裙当半身长裙来穿，腰部的荷叶边更增添甜美气息。

23

藏青色 × 黑色

宽大华丽的笼袖礼服裙。裙子部分采用牛仔布等硬质面料,正式场合或日常穿着都很实用。

制作·······················**66**

长款上衣

红色

肩部配有蝴蝶结饰带的可爱上衣。飘逸的蝴蝶结还可用于遮挡上臂的肉肉。

制作······**70**

连衣裙

P

绿色 × 灰色

将两块长方形面料前后拼接，肩部位置用松紧带做出大蝴蝶结式样的连衣裙。配色清爽。

制作……………**73**

灰色 × 藏青色

连衣裙的前后片采用对比色拼接,身侧自由的裙边更显飘逸灵动。尝试不同颜色的搭配,更具趣味性。

制作·····························**76**

实物大纸样(衣领:圆领)

Q

制作方法

🧵 直线图可直接在面料上画出裁剪线进行裁剪。

🎀 有一部分服装在制作过程中需用到实物大纸样，请把本书附录【实物等大纸样】剪下使用，也可以将附录【实物等大纸样】用纸拷贝后使用。

📌 如需制作数件同款服装，可将画在面料上的裁剪图另做成实物大纸样，则更便于操作。

✂️ 裁剪面料时，请参考裁剪图。
不同的裁剪手法、不同的面料质感，甚至不同的尺寸都可能使最终的成衣效果存在差异。

[面料的名称]

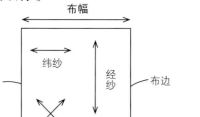
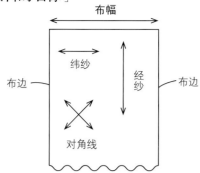

纵向——与布边平行的纵向排列的纱线称为经线,一般来说面料两边都印有裁剪标记。
横向——与布边垂直的横向排列的纱线称为纬线,与面料两边呈直角。
对角线——与面料纵向呈45度角,有弹性。

注意
由经纱和纬纱组成的普通面料,横向与纵向都不易产生变形,而对角线方向上的弹性则比较大。所以,与纵向布边呈45度角裁剪出的面料容易做出弧度的造型。

[面料的折叠]

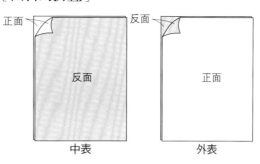

面料的正面与正面贴合叫做中表折

面料的反面与反面贴合叫做外表折

[对折]

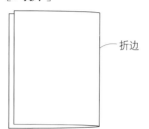

折边

[基本工具]

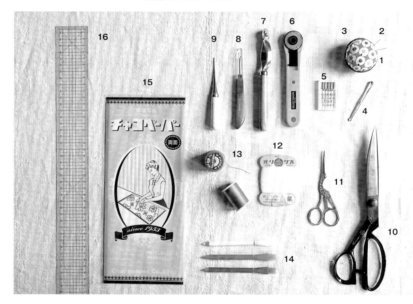

1. 针插包
用于插针的工具。

2. 手缝针
手缝时使用的针。

3. 珠针
固定实物大纸样、布料或做标记的工具。

4. 穿绳器
用于穿引松紧带,在松紧带一头固定后进行穿引。注意不要让松紧带缠在一起。

5. 机针
机针要根据面料的品种进行调换。

6. 旋转式滚刀
用于切割实物大纸样、针织面料或里料等不易裁剪的面料。

7. 压线轮
把复写纸覆盖在面料上用压线轮复制实物大纸样、曲线等。

8. 拆线器
除了用于拆线,还可以豁开扣眼、袋口等。

9. 锥子
用于开孔、拆线、制作流苏等。

10. 剪布剪刀
面料专用剪刀。

11. 鹤剪
用于修剪精细线头。

12. 疏缝线
正式缝纫之前先用疏缝线缝合,成品更平整漂亮。

13. 缝纫线
根据面料的种类选择缝纫线的颜色、粗细。

14. 水溶笔
画在面料、实物大纸样上做标记时使用,沾水后颜色自动消失。

15. 复写纸
覆盖在面料上方便压线轮画出标记。

16. 缝纫专用尺
用于测量长度,画直线、平行线、斜线等。

A

黑色 × 黑色…4
浅蓝色 × 银色…5

✂ ✂ ✂

材料
面料（前片后片）：宽 100 cm × 长 170 cm
面料（下摆拼布）：宽 120 cm × 长 25 cm
实物大纸样：领口（V领）

成品尺寸
衣长 68 cm
下摆 160 cm

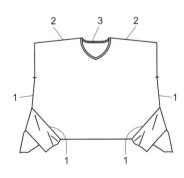

裁剪图·布料尺寸
*包含缝份

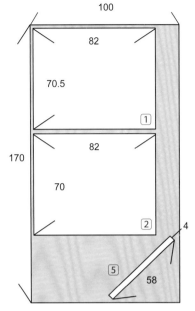

面料（前片后片）：宽 100 cm × 长 170 cm

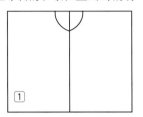

面料（下摆拼布）：宽 120 cm × 长 25 cm

〈准备工作〉
★ 在布料的衣领位置画出裁线

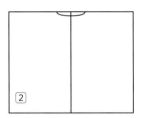

① 依照实物大纸样 A（V领：前片）在面料①中心处画出衣领前片

② 依照实物大纸样 A（V领：后片）在面料②中心处画出衣领后片

★ **裁剪** ① ②

① 根据下图尺寸裁剪面料

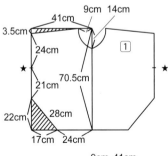

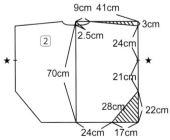

② 在面料上标出 ★ 的位置（左右两侧）

★ **处理面料块** ① ②

① 除衣领位置以外全部做锁边

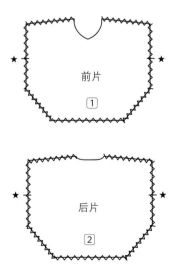

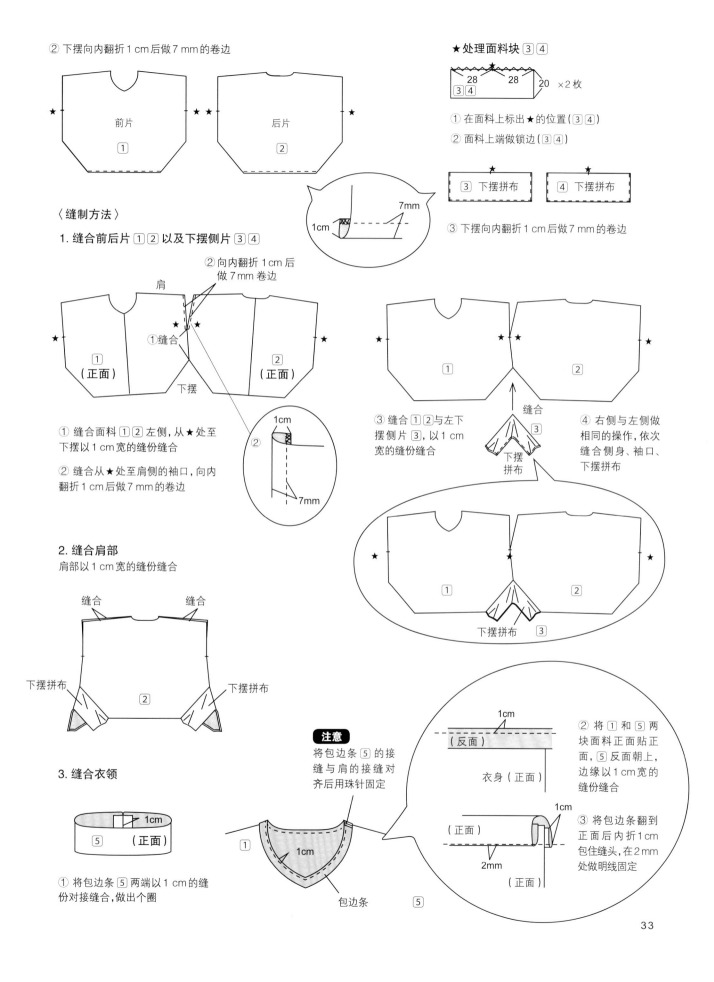

② 下摆向内翻折1cm后做7mm的卷边

前片 ①

后片 ②

★ 处理面料块③④

28　28　20　×2枚
③④

① 在面料上标出★的位置(③④)

② 面料上端做锁边(③④)

③ 下摆拼布　　④ 下摆拼布

③ 下摆向内翻折1cm后做7mm的卷边

〈缝制方法〉

1. 缝合前后片①②以及下摆侧片③④

肩

② 向内翻折1cm后做7mm卷边

①缝合

①（正面）　②（正面）

下摆

1cm　7mm　②

① 缝合面料①②左侧，从★处至下摆以1cm宽的缝份缝合

② 缝合从★处至肩侧的袖口，向内翻折1cm后做7mm的卷边

③ 缝合①②与左下摆侧片③，以1cm宽的缝份缝合

④ 右侧与左侧做相同的操作，依次缝合侧身、袖口、下摆拼布

缝合

下摆拼布 ③

下摆拼布 ③

2. 缝合肩部

肩部以1cm宽的缝份缝合

缝合　缝合

下摆拼布　下摆拼布

②

3. 缝合衣领

1cm

⑤（正面）

① 将包边条⑤两端以1cm的缝份对接缝合，做出个圈

注意
将包边条⑤的接缝与肩的接缝对齐后用珠针固定

①　1cm

包边条　⑤

1cm
（反面）

衣身（正面）

② 将①和⑤两块面料正面贴正面，⑤反面朝上，边缘以1cm宽的缝份缝合

（正面）

1cm

2mm

（正面）

③ 将包边条翻到正面后内折1cm包住缝头，在2mm处做明线固定

B

黑色···6～7

材料
面料：宽102 cm × 长260 cm
实物大纸样：领口（圆领）

成品尺寸
衣长 97 cm
下摆 135 cm

裁剪图·布料尺寸
*包含缝份

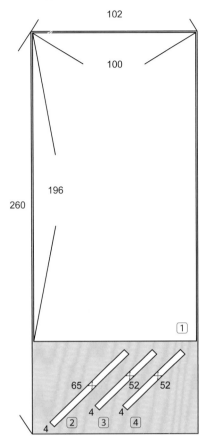

102
100
196
260
65 52 52
4 4
4
② ③ ④
①

面料：宽102 cm × 长260 cm

1
2   2
3   3

④ 面料四周向内翻折1 cm后做7 mm的卷边

1cm
7mm

〈准备工作〉

★ 处理面料块 ①

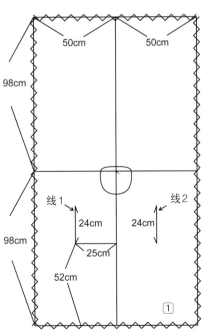

50cm   50cm
98cm
98cm
线1   线2
24cm   24cm
25cm
52cm
①

① 依照实物大纸样B（圆领）在面料 ① 中心处裁剪衣领

② 裁剪出袖口位置的线1、线2

③ 四周做锁边处理

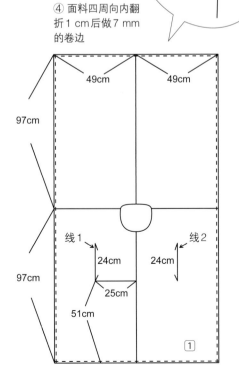

49cm   49cm
97cm
97cm
线1   线2
24cm   24cm
25cm
51cm
①

〈缝制方法〉

1. 缝合衣领

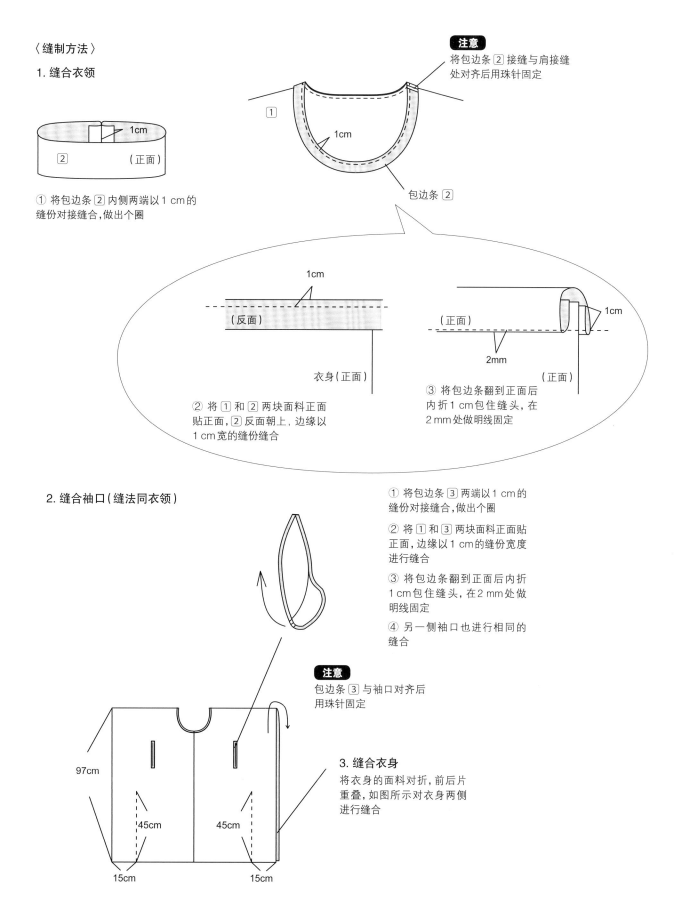

注意
将包边条②接缝与肩接缝处对齐后用珠针固定

①

1cm

包边条②

② （正面）

1cm

① 将包边条②内侧两端以1 cm的缝份对接缝合,做出个圈

1cm

（反面）

衣身（正面）

② 将①和②两块面料正面贴正面,②反面朝上,边缘以1 cm宽的缝份缝合

（正面）

2mm

1cm

（正面）

③ 将包边条翻到正面后内折1 cm包住缝头,在2 mm处做明线固定

2. 缝合袖口(缝法同衣领)

① 将包边条③两端以1 cm的缝份对接缝合,做出个圈

② 将①和③两块面料正面贴正面,边缘以1 cm的缝份宽度进行缝合

③ 将包边条翻到正面后内折1 cm包住缝头,在2 mm处做明线固定

④ 另一侧袖口也进行相同的缝合

注意
包边条③与袖口对齐后用珠针固定

3. 缝合衣身
将衣身的面料对折,前后片重叠,如图所示对衣身两侧进行缝合

97cm

45cm

45cm

15cm

15cm

C

藏青色 × 黑色…8
灰色 × 白色…9

材料
面料(前片后片):宽75 cm × 长195 cm
面料(身侧装饰拼布):宽40 cm × 长145 cm
面料(袖口):宽100 cm × 长20 cm
实物大纸样:领口(圆领)

成品尺寸
衣长69 cm
下摆136 cm

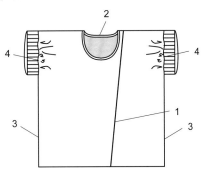

裁剪图·布料尺寸
*包含缝份

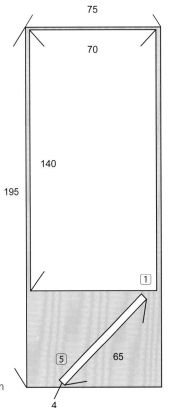

75
70
140
195
⑤ 65
④
面料(前片后片):宽75 cm × 长195 cm

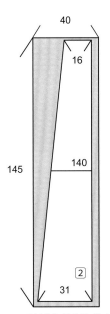

40
16
145 140
② 31
面料(身侧装饰拼布):宽40 cm × 长145 cm

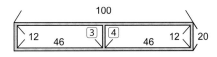

100
⑫ 46 ③ ④ 46 ⑫ 20
面料(袖口):宽100 cm × 长20 cm

〈准备工作〉

★处理面料块①

① 依照实物大纸样C(圆领)在面料①中心处裁剪衣领

② 在面料上标出★的位置(共4处)

③ 如图所示画出斜线

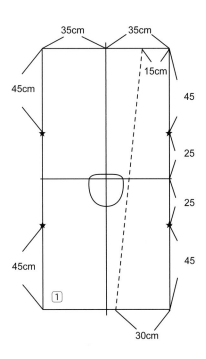

35cm 35cm
45cm 15cm
45
25
25
45cm 45
①
30cm

36

④ 四周做锁边处理

⑤ 面料上端向内翻折 1 cm 后
做 7 mm 的卷边

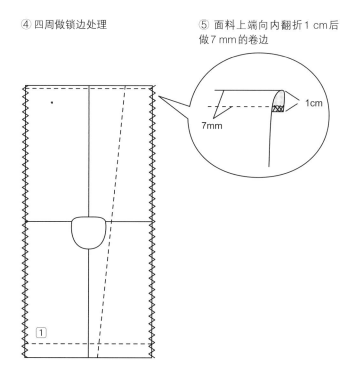

1cm

7mm

★ 处理面料块 ②

16cm

① 在面料上标出★的
位置（共3处）

45

25

140

25

45

31

②

② 四周做锁边处理

③ 面料上下端分别
向内翻折 1 cm 后做
7 mm 的卷边

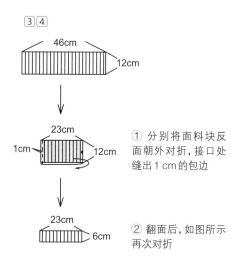

③

1cm

7mm

★ 处理面料块 ③④

③④

46cm

12cm

23cm

1cm

12cm

① 分别将面料块反
面朝外对折，接口处
缝出 1 cm 的包边

23cm

6cm

② 翻面后，如图所示
再次对折

〈缝制方法〉

1. 缝合 ① ②

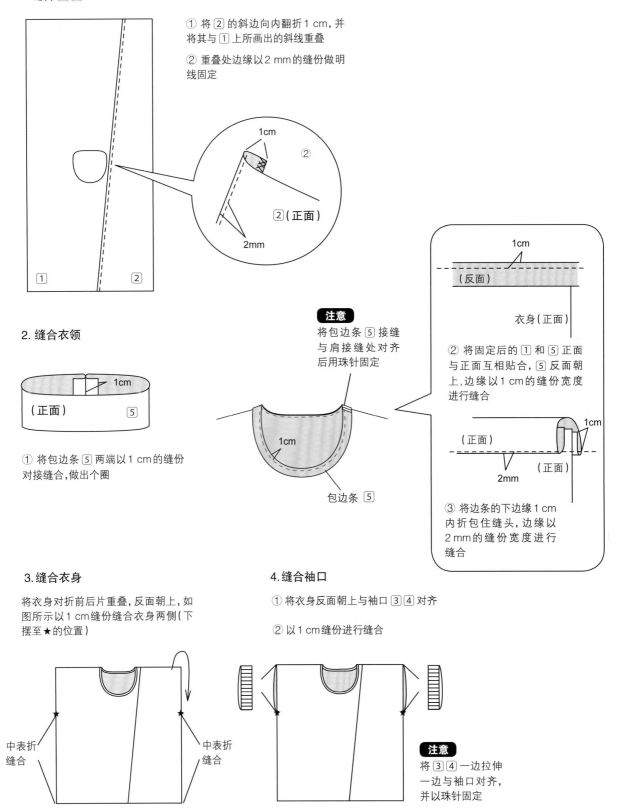

① 将②的斜边向内翻折 1 cm，并将其与①上所画出的斜线重叠

② 重叠处边缘以 2 mm 的缝份做明线固定

1cm

②

②（正面）

2mm

① ②

2. 缝合衣领

1cm

（正面） ⑤

① 将包边条⑤两端以 1 cm 的缝份对接缝合，做出个圈

注意

将包边条⑤接缝与肩接缝处对齐后用珠针固定

1cm

1cm（反面）

衣身（正面）

② 将固定后的①和⑤正面与正面互相贴合，⑤反面朝上，边缘以 1 cm 的缝份宽度进行缝合

（正面）

1cm

（正面）

2mm

③ 将边条的下边缘 1 cm 内折包住缝头，边缘以 2 mm 的缝份宽度进行缝合

包边条⑤

3.缝合衣身

将衣身对折前片重叠，反面朝上，如图所示以 1 cm 缝份缝合衣身两侧（下摆至★的位置）

中表折缝合

中表折缝合

4.缝合袖口

① 将衣身反面朝上与袖口③④对齐

② 以 1 cm 缝份进行缝合

注意

将③④一边拉伸一边与袖口对齐，并以珠针固定

D

藏青色 × 白色···10～11

材料
面料（藏青色/腰头）: 宽92 cm × 长30 cm
面料（藏青色/裙身）: 宽92 cm × 长95 cm
面料（白色/裙身）: 宽92 cm × 长95 cm

成品尺寸
裙长 92 cm
下摆 176 cm

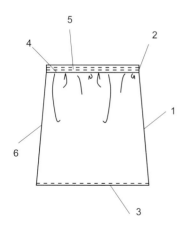

裁剪图·布料尺寸
＊包含缝份

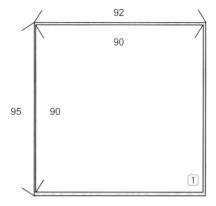

面料（白色/裙身）: 宽92 cm × 长95 cm

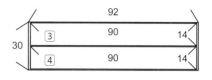

面料（藏青色/腰头）: 宽92 cm × 长30 cm

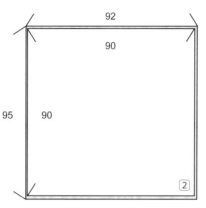

面料（藏青色/裙身）: 宽92 cm × 长95 cm

〈准备工作〉

★ 处理面料块 ① ②

如图所示在两块面料的A、B、C、D四边做锁边处理

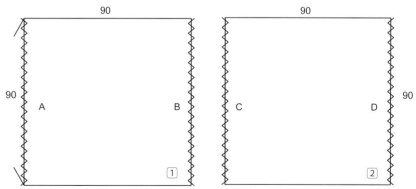

★ 处理面料块 ③ ④

如图所示在两块面料的E、F、G、H四边做锁边处理

〈缝制方法〉

1. 缝合裙身

① 面料块 ①② 正面与正面贴合,反面朝上,将重叠的B边和C边以1cm的缝份宽度进行缝合

② 将缝头向两边坐倒烫平

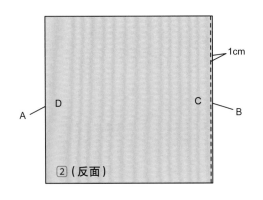

② (反面)

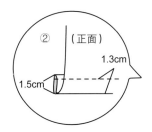

② (正面)

1.3cm

1.5cm

2. 缝合腰头

① 面料块 ③④ 正面与正面贴合,反面朝上,将重叠的F边和G边以1cm的缝份宽度进行缝合

② 将缝头向两边坐倒烫平

H ④ (反面)   G

E   F   1cm

3. 缝合裙摆

沿着裙子下摆向内翻折1.5cm两次后做1.3cm的卷边

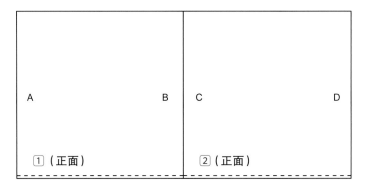

A   B   C   D

① (正面)   ② (正面)

② 将边条的下边缘1cm内折包住缝头,边缘以2mm的缝份宽度进行缝合

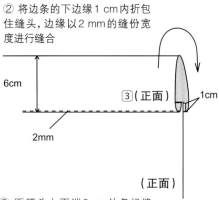

6cm

③ (正面)   1cm

2mm

(正面)

③ 距腰头上下端2cm处各机缝一圈,留出穿松紧带的空隙

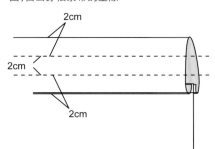

2cm

2cm

2cm

4. 缝合腰头与裙身

① 将缝好的裙身 ①② 与腰头 ③④ 正面与正面贴合,③④ 反面朝上,以1cm的缝份宽度进行缝合

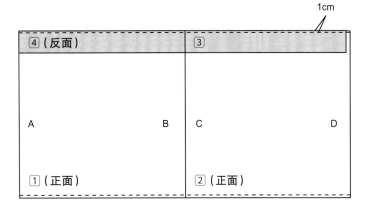

1cm

④ (反面)   ③

A   B   C   D

① (正面)   ② (正面)

5. 安装松紧带

注意

请根据实际腰围调
节皮筋长度

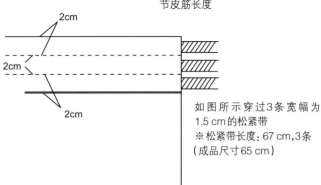

2cm

2cm

2cm

如图所示穿过3条宽幅为
1.5 cm的松紧带
※松紧带长度：67 cm，3条
（成品尺寸65 cm）

6. 缝合完成

① 将裙子反面朝上，A边和D边以1 cm的缝
份宽度进行缝合

注意

注意固定好松紧带

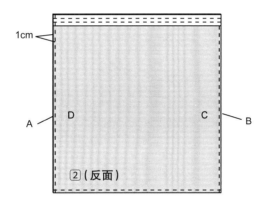

1cm

A   D   C   B

②（反面）

② 将裙子翻到正面

①（正面）

E

藏青色 ×
藏青色…12

材料
面料：宽135 cm × 长160 cm
松紧带：宽150mm × 长60 cm
实物大纸样：领口（圆领）

成品尺寸
裙长 103 cm
下摆 138 cm
松紧腰围 58 cm

裁剪图·布料尺寸
*包含缝份

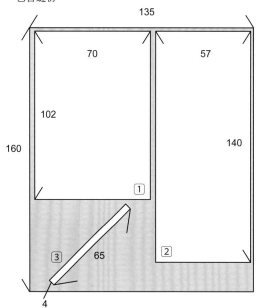

面料：宽135 cm × 长160 cm

〈准备工作〉
★ 处理面料块 ①

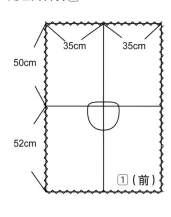

① 依照实物大纸样E（圆领）在面料 ① 中心处裁剪衣领

② 四周做锁边处理

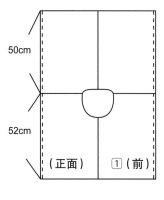

③ 面料两侧向内翻折 1 cm 后做 7 mm 的卷边

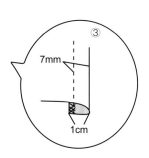

★处理面料块 ②

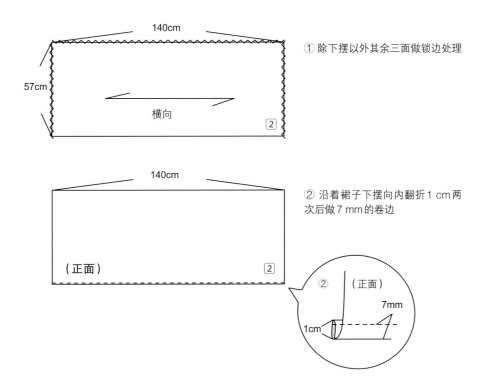

140cm

57cm

横向

②

① 除下摆以外其余三面做锁边处理

140cm

（正面）

②

② 沿着裙子下摆向内翻折 1 cm 两次后做 7 mm 的卷边

② （正面）

7mm

1cm

〈缝制方法〉

1. 缝合裙身 ②

2. 缝合衣身和裙身

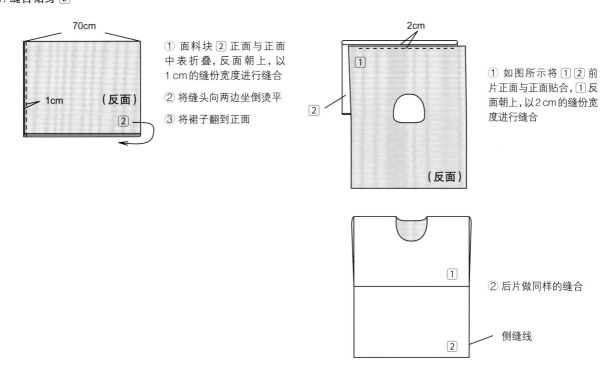

70cm

1cm （反面）

②

① 面料块 ② 正面与正面中表折叠，反面朝上，以 1 cm 的缝份宽度进行缝合

② 将缝头向两边坐倒烫平

③ 将裙子翻到正面

2cm

①

②

（反面）

① 如图所示将 ① ② 前片正面与正面贴合，① 反面朝上，以 2 cm 的缝份宽度进行缝合

①

②

② 后片做同样的缝合

侧缝线

3. 安装松紧带

① 翻折腰部2 cm的缝头，
以1.8 cm的缝份缝合

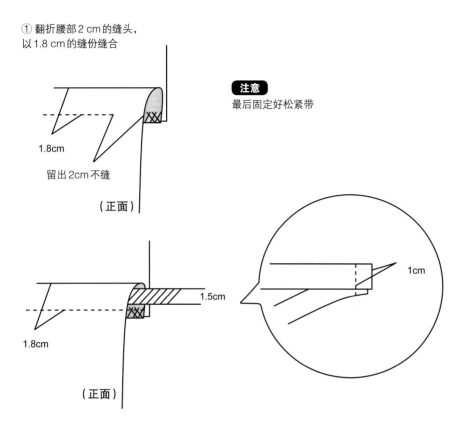

注意
最后固定好松紧带

1.8cm

留出2cm不缝

（正面）

1.5cm

1.8cm

1cm

（正面）

② 如图所示穿过宽幅为1.5 cm的松紧带
※ 松紧带长度：60 cm

③ 松紧带两头以1 cm缝份进行缝合
④ 将①中的2 cm空隙缝合

4.缝合衣领

1cm

（正面）　　　③

① 将包边条③两端以1 cm的缝
份对接缝合，做出个圈

注意
将包边条③的接
缝与肩接缝处对齐
后用珠针固定

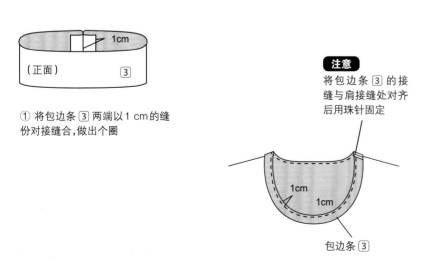

1cm

1cm

包边条③

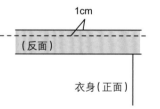

1cm

（反面）

衣身（正面）

② 将①和③正面对正
面，③反面朝上，边缘以
1 cm宽的缝份缝合

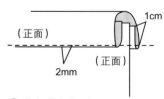

1cm

（正面）

（正面）

2mm

③ 将包边条翻到正面
后内折1 cm包住缝头，
在2 mm处做明线固定

F

黄色 × 灰色 ⋯ 13

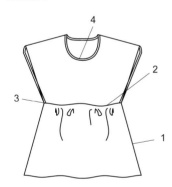

材料
面料 (黄色 / 上衣用) : 宽 75 cm ×
长 135 cm
面料 (灰色 / 裙身用) : 宽 145 cm ×
长 45 cm
松紧带 : 宽 150 mm × 长 60 cm
实物大纸样 : 领口 (圆领)

成品尺寸
裙长 78 cm
下摆 138 cm
松紧腰围 58 cm

裁剪图 · 布料尺寸
*包含缝份

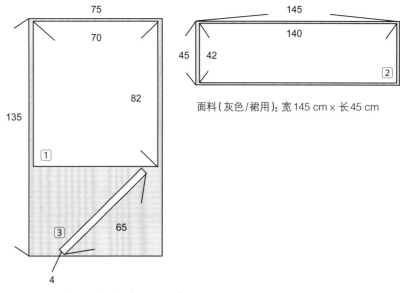

面料 (灰色 / 裙用) : 宽 145 cm × 长 45 cm

面料 (黄色 / 上衣用) : 宽 75 cm × 长 135 cm

〈准备工作〉

★ 处理面料块 ①

① 依照实物大纸样 F (圆领) 在面料 ① 中心
处裁剪衣领
② 四周做锁边处理
③ 两侧向内翻折 1 cm 后做 7 mm 的卷边

★ 处理面料块 ②

① 除下摆以外其余三面做锁边处理
② 沿着裙子下摆向内翻折 1 cm 两次后做 7 mm 的卷边

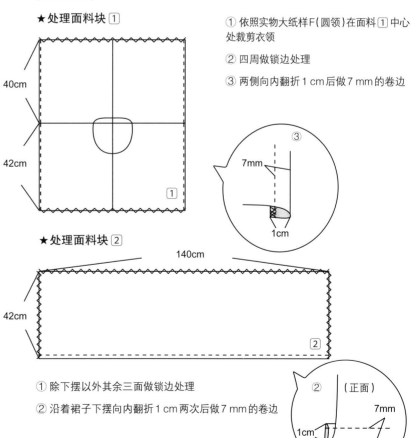

〈缝制方法〉

1. 缝合裙身 ②

① 面料块②正面对正面中表折叠,反面
   朝上,以1 cm的缝份宽度进行缝合

② 将缝头向两边分开烫平

③ 将裙子翻到正面

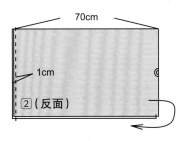

70cm

1cm

②(反面)

2. 缝合衣身和裙身

① 如图所示将①②前片正面与正
   面贴合,①反面朝上,以2 cm的缝
   份宽度进行缝合

② 后片做同样的缝合

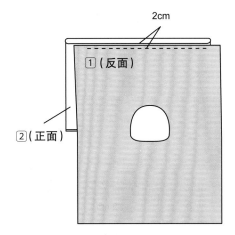

2cm

①(反面)

②(正面)

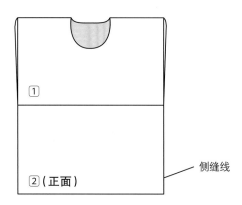

①

②(正面)

侧缝线

3. 安装松紧带

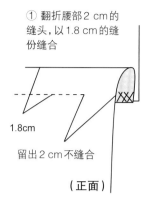

① 翻折腰部 2 cm 的
缝头,以 1.8 cm 的缝
份缝合

1.8cm

留出 2 cm 不缝合

（正面）

注意
固定好松紧带

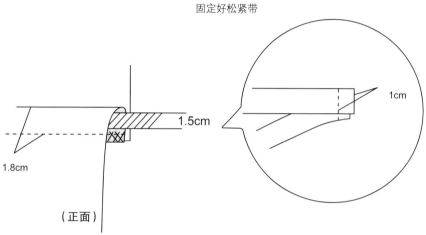

1cm

1.5cm

1.8cm

（正面）

② 如图所示穿入宽幅为 1.5 cm 的松紧带
※松紧带长度: 60 cm

③ 松紧带两头以 1 cm 缝份进行缝合
④ 将①的 2 cm 空隙缝合

4.缝合衣领

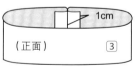

（正面）　　　③

1cm

① 将包边条 ③ 内侧两端以 1 cm
的缝份对接缝合,做出个圈

注意
将包边条 ③ 接缝与肩接
缝处对齐后用珠针固定

1cm

1cm

包边条 ③

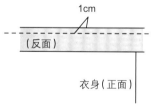

1cm

（反面）

衣身（正面）

② 将 ① 和 ③ 两块面料正面
贴正面, ③ 反面朝上,边缘以
1 cm 宽的缝份缝合

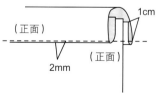

1cm

（正面）

（正面）

2mm

③ 将包边条翻到正面后
内折 1 cm 包住缝头,在
2 mm 处做明线固定

G

蓝色…14
黄色…15

材料
面料：宽125 cm × 长125 cm
肩带：宽1 cm × 长280 cm（含2条）
松紧带：宽1.2 cm × 长65 cm

成品尺寸
裙长 108 cm
松紧腰围 118 cm
下摆 63 cm

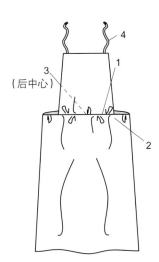

裁剪图·布料尺寸
*包含缝份

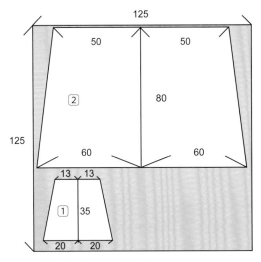

面料：宽 125 cm × 长 125 cm

〈准备工作〉

★ 在面料块 ①② 上画出标记

在面料块 ①② 上标出 ★ 的位置

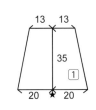

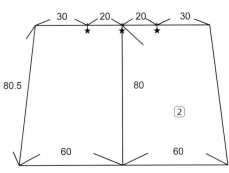

★ 处理面料块 ②

除下摆以外其余三面做锁边处理

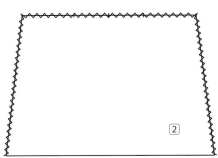

★ 处理面料块 ①

① 四周做锁边处理

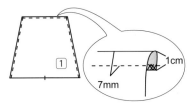

② 面料两侧以及上端向
内翻折 1 cm 后做 7 mm
的卷边

〈缝制方法〉

1. 缝合 ①②

面料块 ①② 正面与正面重叠，① 反面朝
上并以 ★ 为中心，以 2 cm 的缝份宽度进行
缝合

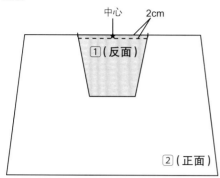

2. 安装松紧带

① 如图所示向下翻折腰
部 2 cm 的缝头

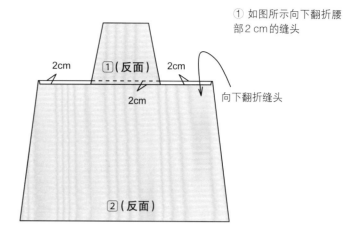

向下翻折缝头

3. 缝合裙身

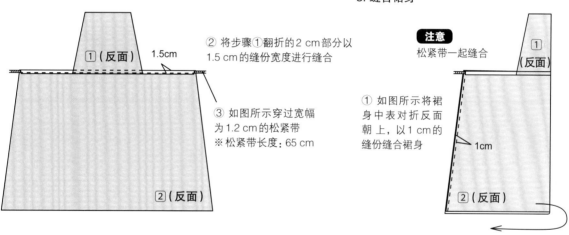

② 将步骤①翻折的 2 cm 部分以
1.5 cm 的缝份宽度进行缝合

③ 如图所示穿过宽幅
为 1.2 cm 的松紧带
※ 松紧带长度：65 cm

注意

松紧带一起缝合

① 如图所示将裙
身中表对折反面
朝上，以 1 cm 的
缝份缝合裙身

4. 安装肩带

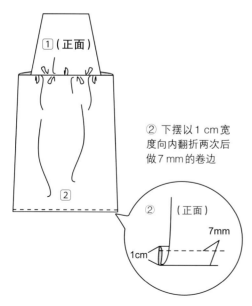

② 下摆以 1 cm 宽
度向内翻折两次后
做 7 mm 的卷边

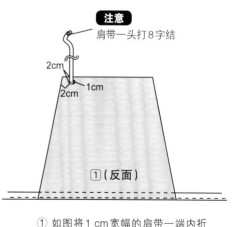

注意

肩带一头打 8 字结

① 如图将 1 cm 宽幅的肩带一端内折
两次以 1 cm 的缝份宽度进行缝合
※ 肩带长度：140 cm，2 条

② 另一侧肩带也做相同缝合

H

白色 × 象牙白···16

材料
面料(肩用)：宽90 cm × 长30 cm
面料(裙身)：宽105 cm × 长160 cm
松紧带：宽1.2 cm × 长65 cm

成品尺寸
裙长 93 cm
下摆 96 cm

裁剪图·布料尺寸
*包含缝份

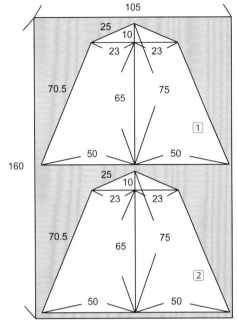

面料(裙身)：宽105 cm × 长160 cm

面料(肩用)：宽90 cm × 长30 cm

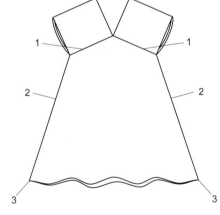

〈准备工作〉
★处理面料块 ①②

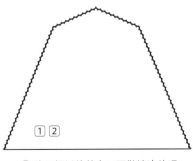

① 除下摆以外其余三面做锁边处理

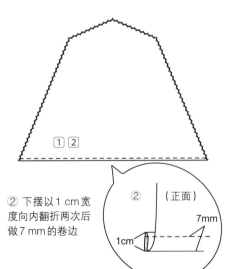

② 下摆以1 cm宽度向内翻折两次后做7 mm的卷边

★处理面料块 ③④

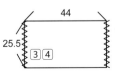

① 如图在面料块③④左右两侧做锁边处理

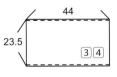

② 上下两边各以1 cm宽度向内翻折两次后做7 mm的卷边

〈缝制方法〉

1. 缝合肩部和裙身

① 面料块 ① ③ 正面与正面贴合，③ 反面朝上，如图以1 cm的缝份宽度进行缝合

注意

门襟侧空开5 mm不缝合
裙身侧空开1 cm不缝合

② 如图将面料块 ② 与面料块 ③ 拼接，并以1 cm的缝份宽度进行缝合

③ 以相同的方法缝合面料块 ④ 在 ① ② 上

注意

门襟侧空开5 mm
裙身侧空开1 cm

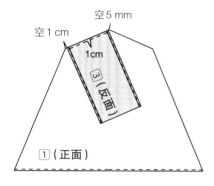

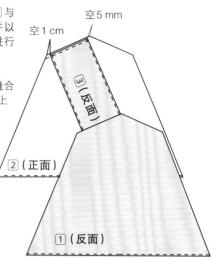

2. 缝合裙身

① 在裙子反面以1 cm的缝份宽度缝合裙身侧缝

② 另一侧也做相同缝合

3. 剪去多余面料

将裙子翻到正面，剪去下摆两侧多余部分

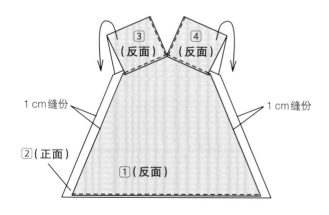

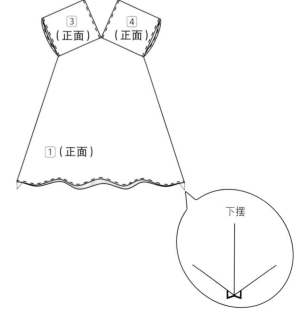

黄绿色…17

✂ ✂ ✂ ✂

材料
面料：宽80 cm×长255 cm
肩带：宽2 cm×长60 cm（含2条的长度）
肩绳：宽6 mm×长160 cm（含4条的长度）
＊肩带可以换成蝴蝶结
实物大纸样：领口（圆领）

成品尺寸
裙长94 cm
下摆108 cm

裁剪图·布料尺寸
＊包含缝份

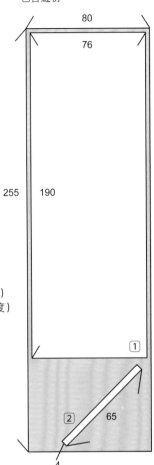

80
76
255
190
①
②
65
4

面料：宽80 cm×长255 cm

〈准备工作〉
★处理面料块①

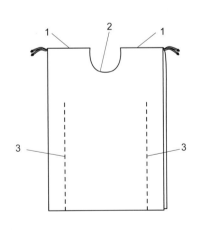

1   2   1
3   3

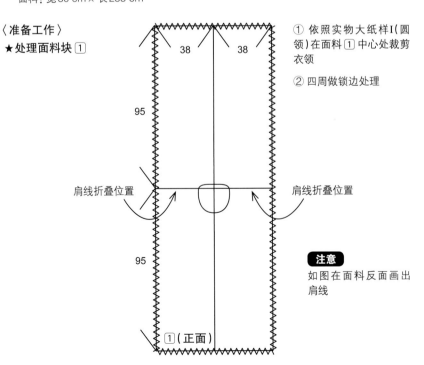

38   38
95
肩线折叠位置   肩线折叠位置
95
①（正面）

① 依照实物大纸样I（圆领）在面料①中心处裁剪衣领
② 四周做锁边处理

注意
如图在面料反面画出肩线

③ 面料四周以1cm宽度向内
翻折后做7mm的卷边

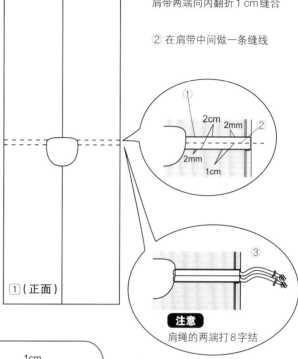

37cm　37cm

94cm

94cm

7mm

1cm

①（正面）

〈缝制方法〉

1. 缝合肩部

① 以肩线为中心铺上肩带,缝
合肩带与①,缉两条明线,间隔
2cm

注意
肩带两端向内翻折1cm缝合

② 在肩带中间做一条缝线

2cm　2mm
2mm
1cm

①（正面）

③

注意
肩绳的两端打8字结

③ 在肩带位置各自穿上两条肩绳
※ 肩绳长度:40cm,4条

2. 缝合衣领

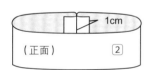

1cm

（正面）　②

① 将②内侧两端以1cm的
缝份对接缝合,做出个圈

注意
将包边条②接缝与肩接
缝处对齐后用珠针固定

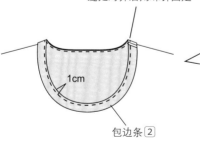

1cm

包边条②

1cm

（反面）

衣身（正面）

② 将固定后的①和②正面
与正面贴合,②反面朝上,
边缘以1cm的缝份宽度进行
缝合

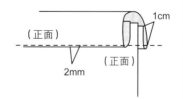

1cm

（正面）

（正面）

2mm

③ 将包边条的边缘1cm内
折包住缝头,边缘以2mm
的缝份宽度进行缝合

注意
肩带也一并缝合

3. 缝合裙身两侧

如图所示前后片对折重叠,缝
合两侧裙身

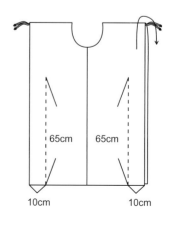

65cm　65cm

10cm　10cm

J

藏青色 × 白色···18〜19

材料
面料(藏青色): 宽105 cm × 长175 cm
面料(白色): 宽40 cm × 长175 cm
腰带: 宽5 cm × 长40 cm
松紧带: 宽3.5 cm × 长25 cm
实物大纸样: 领口(圆领)

成品尺寸
裙长 前/79 cm、后/84 cm
下摆 124 cm

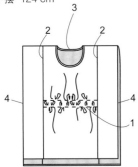

★ 处理面料块 ①②③

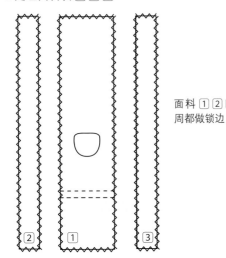

面料 ①②③ 四周都做锁边

裁剪图·布料尺寸
*包含缝份

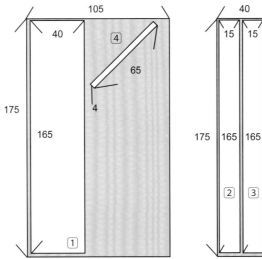

面料(藏青色): 宽105 cm × 长175 cm　　面料(白色): 宽40 cm × 长175 cm

〈准备工作〉
★ 处理面料块 ①

① 依照实物大纸样J(圆领)在面料 ① 中心处裁剪衣领

② 在面料 ① 前片反面的中心处(图中虚线)画线

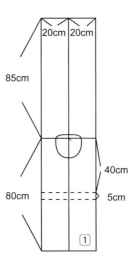

〈缝制方法〉
1. 上衣前片缝出腰线

① 将 ① 反面所画的线与5 cm宽的腰带互相贴合,上下两端以2 mm缝份宽度进行缝合
※ 腰带长度: 40 cm

② 腰带与面料 ① 之间穿过一条3.5 cm宽的松紧带
※ 松紧带长度: 25 cm

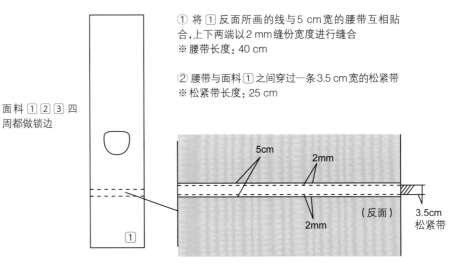

2.缝合面料块 ①②③

① 将①-②、①-③正面与
正面贴合,反面朝上,以1cm
的缝份宽度进行缝合

② 缝好后,缝头可向③方向
坐倒烫平

注意
在缝合的时候将①前片中
的松紧带也一并缝合

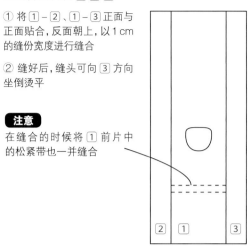

③ 将缝合后的①②③四
边向内翻折1cm后做7mm
的卷边

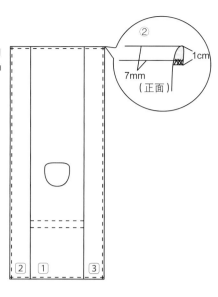

3. 缝合衣领

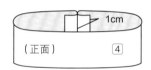

① 将包边条④两端以1cm的缝份
对接缝合,做出个圈

注意
将包边条④接缝与肩接缝
处对齐后用珠针固定

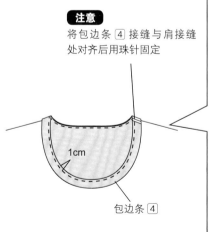

包边条④

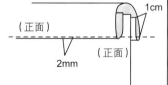

② 将①和④正面贴正面,④反
面朝上,边缘以1cm宽的缝份
缝合

③ 将包边条翻到正面
后内折1cm包住缝
头,在2mm处做明线
固定

4. 缝合两侧衣身

① 将面料对折,后片比前片长
5cm,反面朝上,按图示将两侧
衣身以1cm的缝份宽度进行缝合

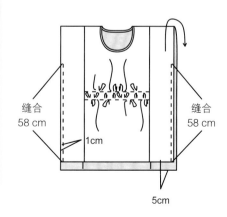

缝合
58cm

缝合
58cm

1cm

5cm

K

黑色 × 灰色…20

材料
面料(上部)：宽75 cm × 长90 cm
面料(下部)：宽75 cm × 长55 cm
肩带：宽2.5 cm × 长24 cm(含4条的长度)
松紧带：宽1 cm × 长100 cm(含2条的长度)
松紧带：宽5 mm × 长70 cm(门襟用)
实物大纸样：裙(上半身)

成品尺寸
裙长 61 cm
胸部松紧处 68 cm
裙摆松紧处 96 cm

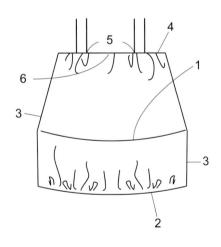

裁剪图·布料尺寸
*包含缝份

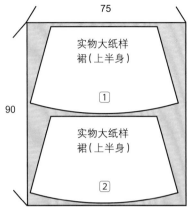

面料(上部)：宽75 cm × 长90 cm

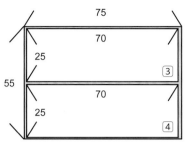

面料(下部)：宽75 cm × 长55 cm

〈准备工作〉

★依照实物大纸样K：裙(上半身)裁剪面料 ①②

★处理面料块 ①②④

① ①②③④ 四周都做锁边

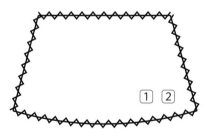

〈缝制方法〉

1. 缝合上与下

① 将 ① 和 ③、② 和 ④ 正面贴合反面朝
上,并以1 cm宽的缝份缝合,完成拼接

② 将缝头向上半身方向坐倒烫平

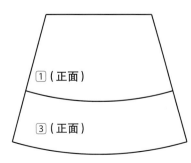

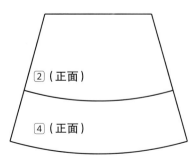

2. 缝合下摆

① 将 ③ ④ 下摆向内翻折 1.5 cm 后做 1.3 cm
的卷边

② 在缝头中穿过 1 cm 的松紧带
※松紧带长度：50 cm，2 条

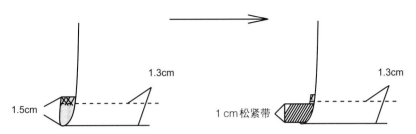

3. 缝合衣身两侧

① 将 ① ③、② ④ 正面与正面贴合反面朝上，
两端以 1 cm 的缝份宽度进行缝合

② 将缝头向一侧坐倒烫平，并把面料翻至正面

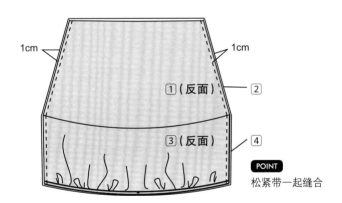

POINT
松紧带一起缝合

4. 缝合上半身

① ② 的上端向内翻折 1 cm 后做 7 mm 的卷边

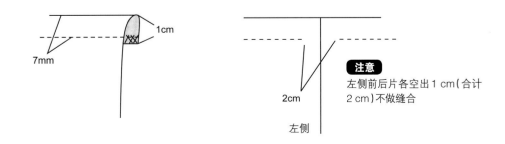

注意
左侧前后片各空出 1 cm（合计
2 cm）不做缝合

57

5. 缝合肩带

① 按图所示标出 ★ 的位置

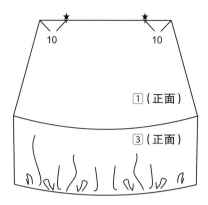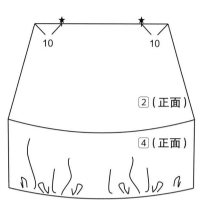

② 在 ★ 内侧缝上 2.5 cm 宽的肩带
按图所示缝制 4 条肩带
※ 肩带长度：60 cm，4 条
※ 肩带两端以 1 cm 的宽度翻折 2 次后缝合

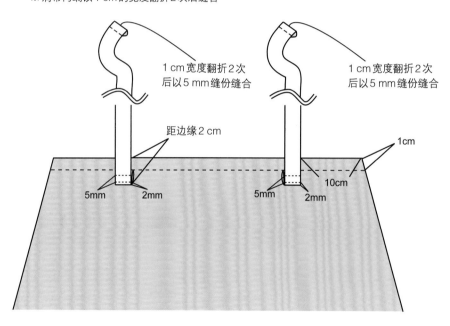

6. 穿松紧带

① 在步骤 4 所空出的缝头处穿入 5 mm 宽的松紧带
※ 松紧带长度：70 cm，1 条

② 松紧带两端以 1 cm 的缝份缝合

③ 把步骤 4 所空出的缝头缝合

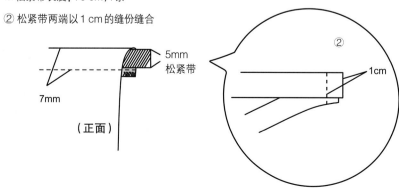

L

橙色…21

材料
面料：宽 95 cm × 长 110 cm
松紧带：宽 3 cm × 长 60 cm

成品尺寸
裙长 51 cm
腰围 58 cm
下摆 108 cm
肩带 54 cm
*肩带的长短可根据身高调节

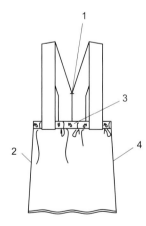

裁剪图·布料尺寸
*包含缝份

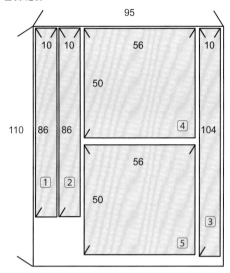

面料：宽 95 cm × 长 110 cm

〈准备工作〉

★处理面料块 ① ②

① ① ② 两侧的长边各
做锁边处理

② ① ② 两侧的长边各以 1 cm 宽度向内
翻折后做 7 mm 的卷边

③ 按图所示在面料上标出 ★ 的位置

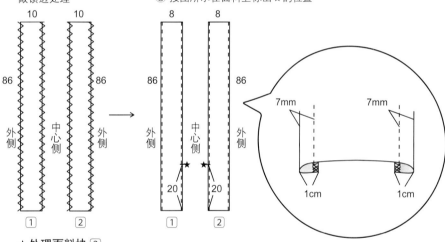

★处理面料块 ③

③ 的四周做锁边处理

★处理面料块 ④ ⑤

① ④ ⑤ 除下摆以外
都做锁边处理

② 按图所示在面料上
标出 ★ 的位置

〈缝制方法〉
1. 缝合肩带

按图所示将 ① ② 一端拼接重叠1 cm，做
5 mm的缝份，缝合长度为20 cm

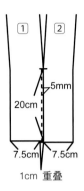

2. 缝合裙子

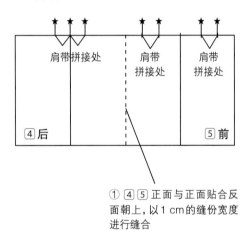

① ④ ⑤ 正面与正面贴合反
面朝上，以1 cm的缝份宽度
进行缝合

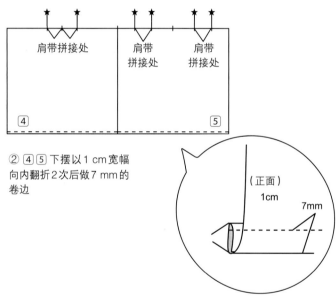

② ④ ⑤ 下摆以1 cm宽幅
向内翻折2次后做7 mm的
卷边

3. 缝合肩带和腰带

① 如图将 ③ 对折

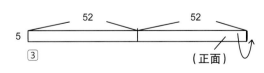

② 如图将肩带重叠在 ★ 的位置

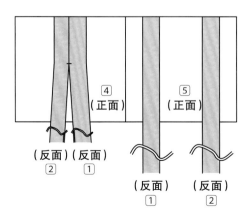

③ 按图所示将面料③置于最上，
以1cm的缝份宽度进行缝合

④ 在腰带③中间穿过3cm宽幅
的松紧带
※松紧带长度：60cm

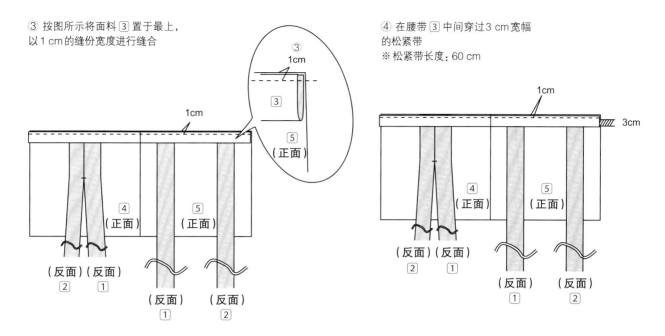

4. 缝合裙摆

① 将腰带的缝份向裙子方向坐倒

② 将裙身对折反面朝上

③ 裙侧以1cm的缝份宽度进行缝合

松紧带

③（正面）

1cm缝份

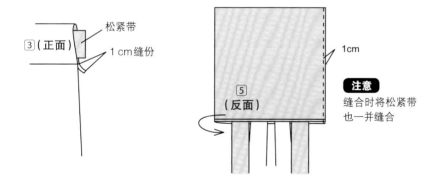

1cm

注意
缝合时将松紧带
也一并缝合

④ 将裙子翻至正面完工

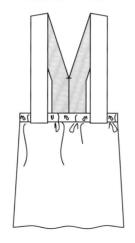

M

藏青色 × 黑色···22～23

材料
面料(黑色/裙子下半部)：宽92 cm × 长145 cm
面料(藏青色/裙子上半部)：宽92 cm × 长55 cm
面料(藏青色/腰部)：宽92 cm × 长20 cm
松紧带：宽1.5 cm × 长205 cm(含3条长度)
抽绳：宽9 mm × 长200 cm

成品尺寸
裙长 72 cm
下摆 88 cm

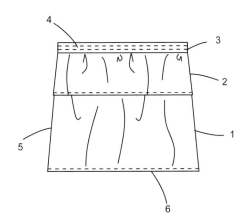

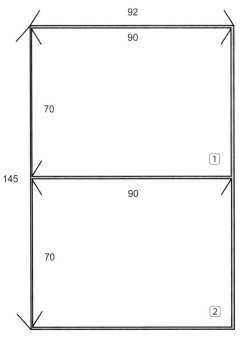

面料(黑色/裙子下半部)：宽92 cm × 长145 cm

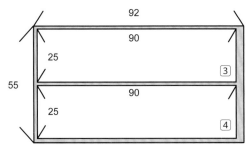

面料(藏青色/裙子上半部)：宽92 cm × 长55 cm

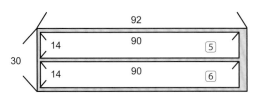

面料(藏青色/腰部)：宽92 cm × 长20 cm

〈准备工作〉
★ 处理面料块 ①②

将A、B、C、D四条边做锁边处理

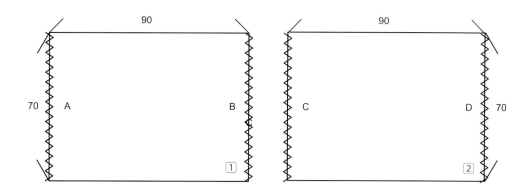

★ 处理面料块 ③④

将E、F、G、H四条边做锁边处理

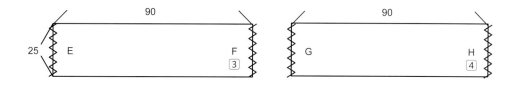

★ 处理面料块 ⑤⑥

将I、J、K、L四条边做锁边处理

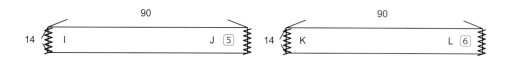

〈缝制方法〉

1. 缝合 ①② (裙子下半部)

① 将 ①② 正面与正面贴合反面朝上,B
边和C边以1cm的缝份缝合

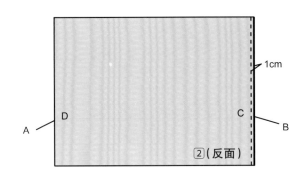

1cm

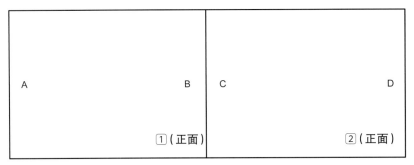

② 将缝头向一边坐倒烫平

2. 缝合 ③④ (裙子上半部)

① 将 ③④ 正面与正面贴合反面朝
上,F边和G边以1cm的缝份缝合

② 将缝头向一边坐倒烫平

1cm

③ 如图面料下端的反面以1.5cm的宽幅向内翻折2次缝合做卷边

下摆

3. 缝合裙子(上+下)和腰身 ⑤⑥

① 将 ⑤⑥ 正面与正面贴合反面朝
上,J边和K边以1cm的缝份缝合

1cm

1cm

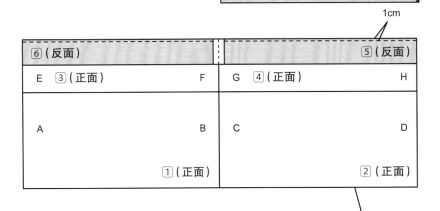

② 如图将裙子上半部 ③④ 覆盖
在裙子下半部 ①② 上,全部正面
朝上

③ 如图将腰身 ⑤⑥ 的反面朝上
覆盖在 ③④ 上并以1cm的缝份
缝合这3层面料

裙摆

④ 将⑤⑥向后翻折至面料反面并内折
1 cm包住缝头,在2 mm处做明线固定

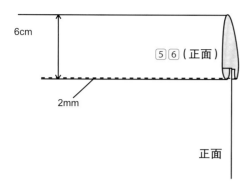

6cm

⑤⑥(正面)

2mm

正面

② 如图所示在缝份间各穿过宽幅为
1.5 cm的松紧带
※松紧带长度:65 cm,3条

注意
请根据自身情况
调节松紧带长度

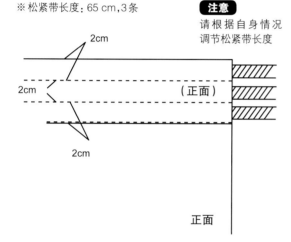

2cm

2cm

(正面)

2cm

正面

4. 安装松紧带

① 在腰带的上下各2 cm处做缝线

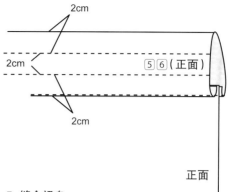

2cm

2cm

⑤⑥(正面)

2cm

正面

5. 缝合裙身

将①②正面与正面贴合反面朝上,以1 cm的
缝份缝合A边和D边

注意
将松紧带也
一并缝合

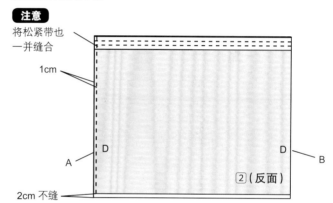

1cm

D

A

D

B

②(反面)

2cm 不缝

注意
在缝合A边和D边的下摆处时,留出2 cm不缝

6. 缝合下摆

① 将下摆以1.5 cm的宽度向内翻折2次
做卷边

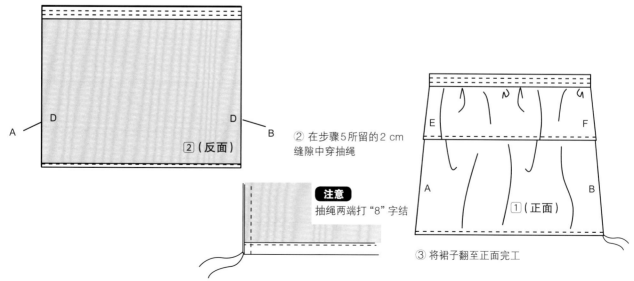

D

A

D

B

②(反面)

② 在步骤5所留的2 cm
缝隙中穿抽绳

注意
抽绳两端打"8"字结

E

F

A

B

①(正面)

③ 将裙子翻至正面完工

N

藏青色 × 黑色…24～25

材料
面料 (藏青色) : 宽 75 cm × 长 145 cm
面料 (黑色) : 宽 120 cm × 长 70 cm
装饰带 : 宽 2.5 cm × 长 140 cm (含 2
条的长度)
松紧带 : 宽 1 cm × 长 70 cm

成品尺寸
裙长 91 cm
下摆 108 cm

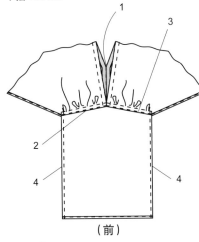

（前）

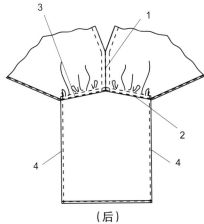

（后）

裁剪图 · 布料尺寸
＊包含缝份

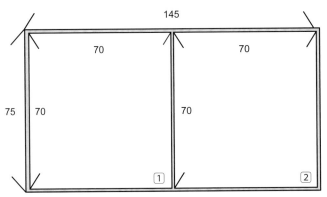

面料 (藏青色) : 宽 75 cm × 长 145 cm

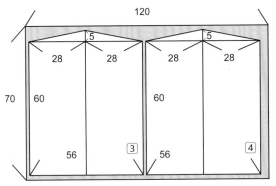

面料 (黑色) : 宽 120 cm × 长 70 cm

〈准备工作〉

★ 处理面料块 ①②

① 除①②门襟侧以外, 其余都做锁边处理

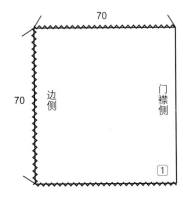 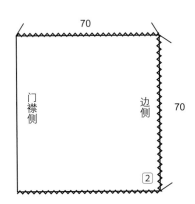

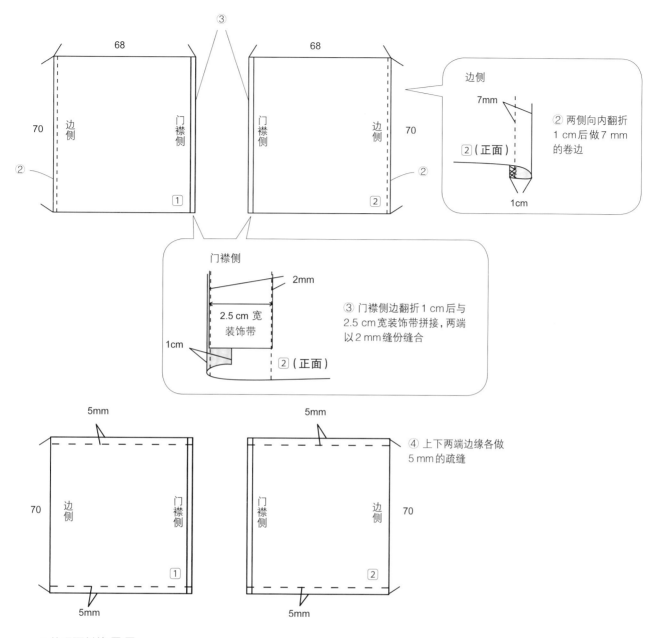

③

68

70 边侧 门襟侧 ①

68

门襟侧 边侧 70 ②

边侧

7mm

② (正面)

② 两侧向内翻折
1 cm 后做 7 mm
的卷边

1cm

门襟侧

2mm

2.5 cm 宽
装饰带

1cm

② (正面)

③ 门襟侧边翻折 1 cm 后与
2.5 cm 宽装饰带拼接,两端
以 2 mm 缝份缝合

5mm

70 边侧 门襟侧 ①

5mm

5mm

门襟侧 边侧 70 ②

④ 上下两端边缘各做
5 mm 的疏缝

5mm

★ **处理面料块 ③ ④**

① 沿着裙子下摆向内翻折 1.5 cm 两次后做 1.3 cm 的卷边

② 除下摆外全部做锁边处理

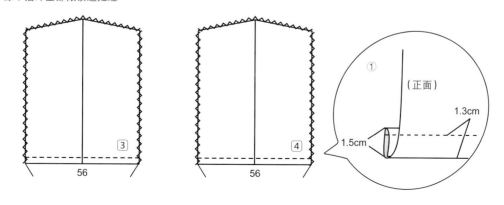

③

56

④

56

①

(正面)

1.3cm

1.5cm

〈缝制方法〉
1. 缝合 ① ②

如图将门襟侧下端20 cm的长度
重叠1 cm宽,做5 mm的缝份

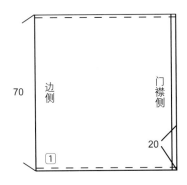
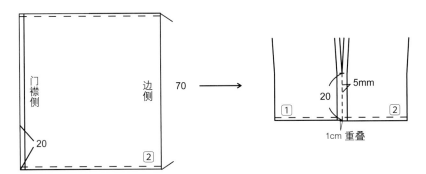

2. 缝合裙身

① 将 ③ 正面朝上与 ①② 上端
中心处对齐, ①② 反面朝上

② 依照 ③ 上边的长度将 ① 和 ②做
出均匀的褶皱

③ 以2 cm的缝份缝合

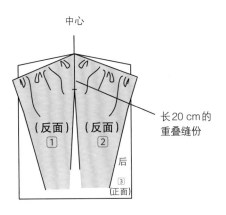

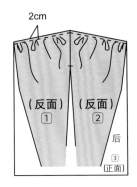

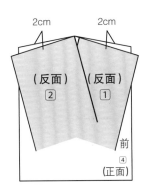

④ 和步骤①一样,将 ①② 另一头
与 ④ 中心处对齐

⑤ 依照 ④ 的上边的长度将 ① 和
② 做出均匀的褶皱,以2 cm的缝份
缝合

3. 安装松紧带

① 将步骤②⑤的缝头（2 cm）向下坐倒烫平

② 以5 mm的缝份固定缝头

③ 缝头内穿入1 cm的松紧带
※ 松紧带长度：35 cm，2条

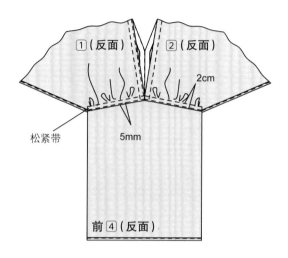

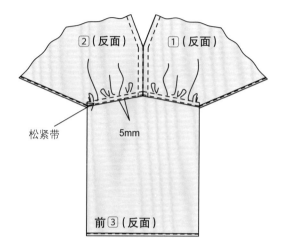

4.缝合衣身两侧

① 将衣服反面朝外

② 衣身两侧以1 cm的缝份缝合

③ 翻至正面完工

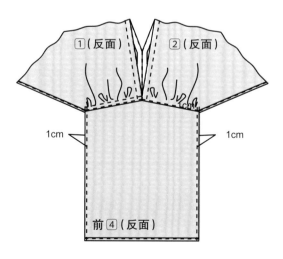

将松紧带也一并缝合

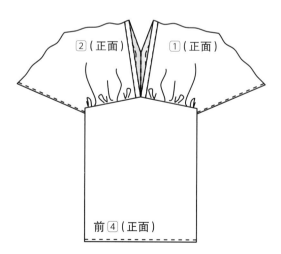

红色···26

材料
面料：宽90 cm × 长230 cm
饰带：宽2 cm × 长400 cm
（含2条的长度）

成品尺寸
裙长 92 cm
下摆 152 cm

裁剪图·布料尺寸
＊包含缝份

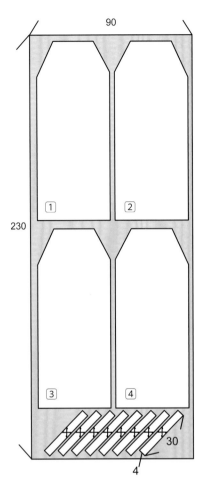

面料：宽90 cm × 长230 cm

〈准备工作〉
★裁剪面料
如图裁剪面料块 ①②③④

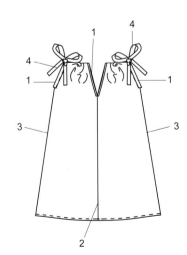

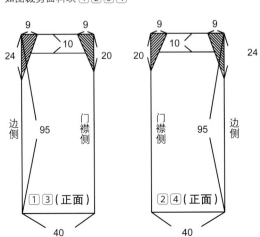

★处理面料块①②③④

将①②③④除袖口、领口其余各边做锁边处理

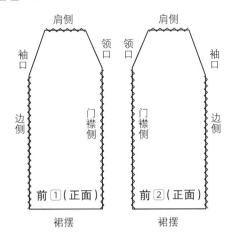

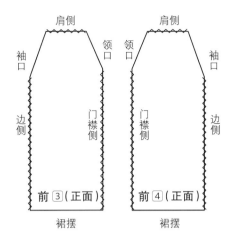

〈缝制方法〉

1. 缝合衣领、袖口

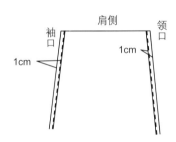

① 将包边条正面与领口和袖口正面贴合，边缘以1 cm宽的缝份缝合

② 将包边条翻到正面后内折1 cm包住缝头，在2 mm处做明线固定

注意

剪掉多余的包边条

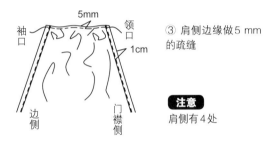

③ 肩侧边缘做5 mm的疏缝

注意

肩侧有4处

2. 缝合①–②和③–④

① 将①–②的门襟侧正面与正面重叠1 cm缝合

② 将③–④的门襟侧正面与正面重叠1 cm缝合

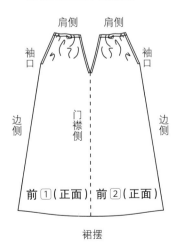

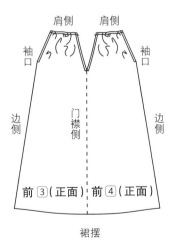

3. 缝合前片和后片

① 将①②和③④正面对正面，反面朝上

② 将肩侧做出5 cm长均匀的褶皱，以1 cm的缝份缝合

③ 衣身两侧以1 cm的缝份缝合

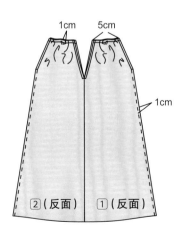

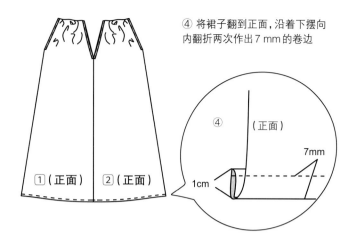

④ 将裙子翻到正面，沿着下摆向
内翻折两次作出 7 mm 的卷边

④
（正面）

7mm

1cm

注意

肩顶位置前后留出
1 cm 的空隙不缝

4. 安装肩带

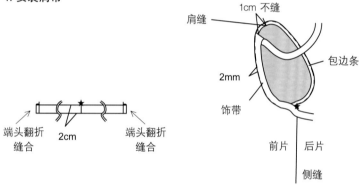

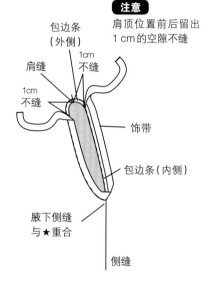

包边条
（外侧）

肩缝

1cm
不缝

1cm
不缝

饰带

包边条（内侧）

腋下侧缝
与★重合

侧缝

端头翻折
缝合

2cm

端头翻折
缝合

肩缝

1cm 不缝

2mm

包边条

饰带

前片　后片

侧缝

① 在饰带中心处标出★

② 饰带两端以 1 cm 的宽幅向内翻折两次
后缝合

③ 将步骤①所标出★饰带与腋下侧缝
线重合

④ 将饰带与包边条重叠后，以 2 mm
的缝份缝合

① （正面）　② （正面）

P

绿色 × 灰色···27

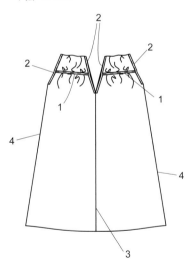

材料
面料(绿色)：宽90 cm × 长130 cm
面料(灰色)：宽90 cm × 长130 cm
饰带：宽1 cm × 长160 cm(含4条的长度)
松紧带：宽5 mm × 长60 cm(含4条的长度)

成品尺寸
裙长 92 cm
下摆 152 cm

★**处理面料块** 1 2 3 4

将 1 2 3 4 除袖口、领口其余各边做锁边处理

裁剪图·布料尺寸
*包含缝份

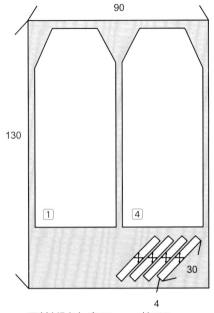

面料(绿色)：宽90 cm × 长130 cm

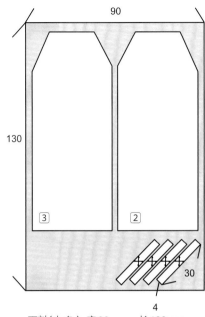

面料(灰色)：宽90 cm × 长130 cm

〈准备工作〉

★**裁剪面料**

① 如图裁剪面料 1 2 3 4

② 如图所示在面料 1 2 3 4 上用 ★标出饰带位置

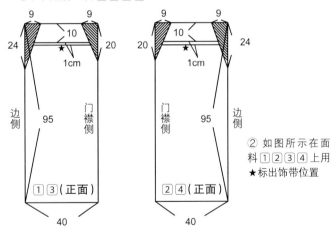

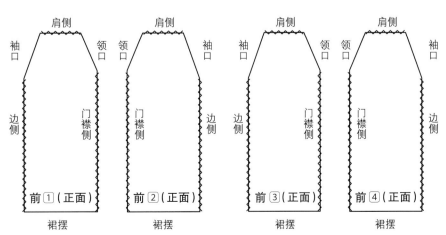

〈缝制方法〉

1. 缝合饰带、安装松紧带

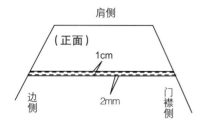

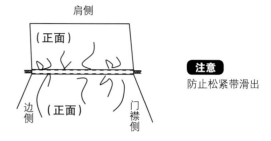

防止松紧带滑出

① 将标出★的面料①②③④正面
与1cm宽的饰带缝合,饰带上下各做
出2mm明线

② 饰带和面料之间穿过5mm宽幅的松紧带
※ 松紧带长度: 15cm,4条

2. 缝合衣领,袖口

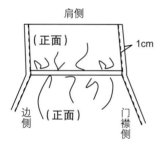

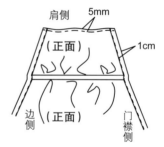

① 各包边条分别与领口、袖口正
面贴合,边缘以1cm宽的缝份
缝合

② 将包边条翻到正面后内折1cm
包住缝头,在2mm处做明线

③ 肩侧边缘距5mm的位置
疏缝

注意
肩侧共4处

注意
剪掉多余的包边条

74

3.缝合 ①～② 和 ③～④

① 将①～②的门襟侧正
面与正面重叠1cm缝合

② 将③～④的门襟侧正面与
正面重叠1cm缝合

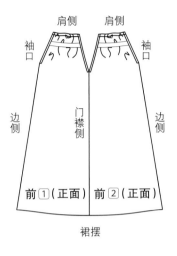

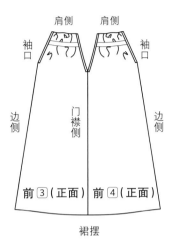

4. 缝合前片和后片

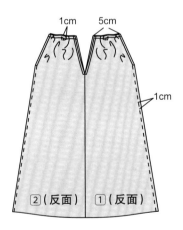

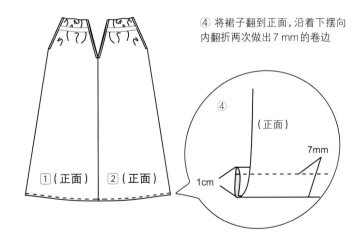

④ 将裙子翻到正面,沿着下摆向
内翻折两次做出7 mm的卷边

① 将①～②和③～④正面与正
面贴合反面朝上

② 肩侧做出长5 cm均匀的褶皱,以
1 cm的缝份缝合

③ 衣身两侧以1 cm的缝份缝合

Q

灰色 × 藏青色···28～29

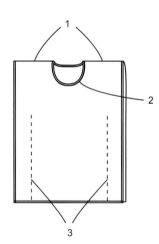

材料
面料(灰色):宽90 cm× 长130 cm
面料(藏青色):宽90 cm× 长95 cm
实物大纸样(衣领:圆领)

成品尺寸
裙长 88 cm
下摆 116 cm

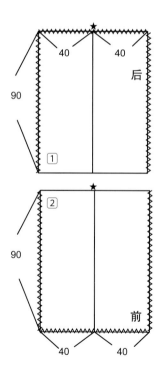

裁剪图・布料尺寸
＊包含缝份

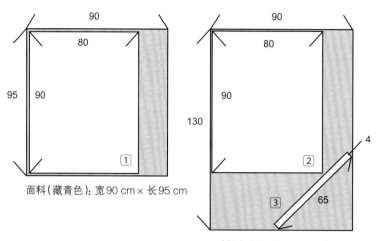

90
80
95 | 90
①
面料(藏青色):宽90 cm× 长95 cm

90
80
90
130
4
②
③ | 65
面料(灰色):宽90 cm× 长130 cm

〈准备工作〉
★ 处理面料块 ①②

① 将①②纵面中心处标出 ★ 的位置

② 如图除领肩一边其余各边做锁边处理

③ 除领肩一边其余各边向内翻折1 cm做7 mm的包边

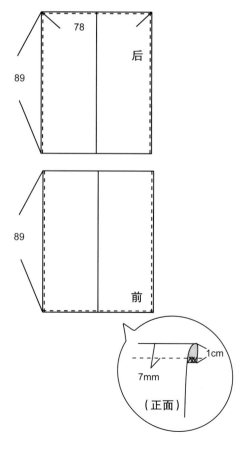

40　40
后
90
①

40　40
前
90
②

78
后
89

前
89

1cm
7mm
(正面)

〈缝制方法〉

1. 缝合肩部

① 将①②正面与正面贴合领肩一边以1cm宽的缝份缝合

② 缝合处的缝头一起做锁边处理，然后向后片方向坐倒烫平

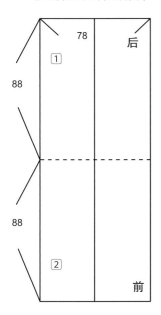

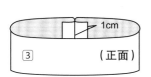

② 将包边条③内侧两端以1cm的缝份对接缝合，做出个圈

④ 将包边条翻到正面后内折1cm包住缝头，在2mm处做明线

2. 缝合衣领

① 依照实物大纸样（圆领）在面料①中心处裁剪衣领

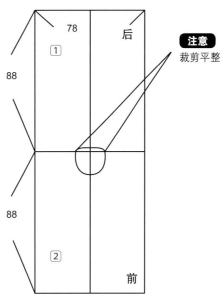

注意
裁剪平整

③ 将圈型边条③对折，与面料块①②以1cm宽的缝份缝合

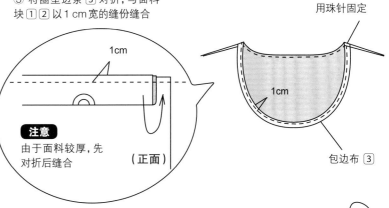

注意
由于面料较厚，先对折后缝合

注意
将边条③接缝与肩接缝处对齐后用珠针固定

包边布③

3. 缝合衣身

将衣身对折前后片重叠，缝合衣身两侧

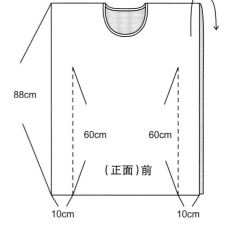

作者

中神一荣

日本知名时装品牌合伙人，活跃于巴黎和东京时装展，2013 年春夏
以"家居和外出都可穿着的服装"为设计理念，创立了自己的品牌
Wei。

译者

顾丹蓓

毕业于日本近畿大学理科学部经营学科，现专职于图书翻译。